中国石油岗位员工安全手册

CNG加气站操作工安全手册

中国石油天然气集团公司安全环保部　编

石油工业出版社

图书在版编目（CIP）数据

CNG加气站操作工安全手册/中国石油天然气集团公司安全环保部编.—北京：石油工业出版社，2008.1
（中国石油岗位员工安全手册）
ISBN 978-7-5021-6360-0

Ⅰ.C…
Ⅱ.中…
Ⅲ.天然气-供应站-安全技术-技术手册
Ⅳ.U491.8-62

中国版本图书馆CIP数据核字（2007）第182955号

出版发行：石油工业出版社
　　　　　（北京安定门外安华里2区1号　100011）
　　　　　网　址：www.petropub.com.cn
　　　　　编辑部：(010)64523582　发行部：(010)64523620
经　销：全国新华书店
印　刷：北京中石油彩色印刷有限责任公司

2008年1月第1版　2013年6月第11次印刷
850×1168毫米　开本：1/32　印张：2.25
字数：30千字

定价：10.00元
（如出现印装质量问题，我社发行部负责调换）
版权所有，翻印必究

前言

安全事关广大员工的幸福和安康，事关公司的价值和在公众中的形象，希望每一名员工都能够重视安全、实现安全。

公司鼓励员工养成良好的作业习惯。公司有责任为员工提供安全的工作环境，员工应严格遵守安全规定。

公司鼓励员工对安全工作提出建议和批评。员工有权拒绝执行可能危及安全的违章指挥，停止任何不安全的作业。任何人出于安全考虑的原因而停止了工作或提出建议，都应该得到表扬、鼓励和奖励。

公司鼓励员工汇报事故隐患并从事故中吸取教训。所有员工发现险情事件、不安全的行为和状况都应汇报；对发现的所有险情事件、不安全的行为和状况都应调查分析，并共享其中的经验教训，这对改进安全来讲是非常重要的。

为进一步规范岗位员工安全培训，夯实安全生产基础，中国石油天然气集团公司安全环保部组织分岗位编写了《中国石油岗位员工安全手册》系列培训教材。手册以安全为主线，以风险识别和控制为依据，以案例分析为警示，紧密结合岗位员工的现实需要，旨在有效指导一线岗位员工的工作和学习。本系列培训教材为岗位员工提供了应该了解的基础安全信息，每一位员工都应该认真学习、熟知这些信息，并应用到工作中去。

本书是为CNG加气站操作工编写的安全手册，主要内容包括：基本安全要求、操作安全要求、事故报告、突发事件处理程序、应急设备、危险化学物品安全资料、常见"三违"行为和典型事故案例等。中国石油四川销售公司、新疆销售公司承担了本手册的编写任务，编写成员有王建中、杜庆华、刘玉臣、熊明、钟勇、黄剑、董承彬。中国石油重庆销售公司、中国石油西南油气田公司的纪银喜、张亮、何涛等相关专家做了审定和修改工作。在此表示衷心感谢!

编　者
2007年11月

承 诺

本人已经认真阅读了本手册,了解其中的内容。在此,我保证在任何时候都将履行自己的安全职责,并为创造安全的作业环境和为顾客提供满意的服务贡献力量。

我会:

正确佩戴劳动防护用品;

按正确的程序进行加气作业;

用合适的工具进行正确操作;

保持工作场所干净、整洁;

制止任何见到的不安全行为;

向上一级领导报告所有的事故和未遂事故;

遵守并提醒他人执行现场 HSE 标识和指令。

签名:＿＿＿＿＿＿＿＿＿＿＿＿

目　录

第一章　　基本安全要求 …………………… 1

第二章　　操作安全要求 …………………… 8

第三章　　事故报告 ………………………… 36

第四章　　突发事件处理程序 ……………… 37

第五章　　应急设备 ………………………… 48

附录一　　危险化学物品安全资料 ………… 50

附录二　　常见"三违"行为 ……………… 51

附录三　　典型事故案例 …………………… 55

第一章 基本安全要求

一、加气站站内安全要求

1. 站内严禁烟火。

2. 进站车辆必须减速缓行,限速 5 千米 / 小时。

3. 进站加气的车辆禁止将无关人员或乘客带入站内,必须在站外下车,不得载人加气。

4. 加气时,车辆必须熄火,关闭车上所有电器装置,并采取可靠的制动措施。

5. 严禁在站内维修车辆,车辆出现故障时,必须推至站外进行处理。

6. 禁止在生产作业区域使用移动通信工具。

7. 禁止司机及非专业人员加气,禁止给存在隐患的车用气瓶加气。

8. 进站人员不得穿化纤服装和带铁钉的鞋靠近或进入爆炸危险区域。

9. 加气的车辆和人员未经许可不得进入生产区域。

10.进站加气的车辆必须服从操作人员的指挥，按规定停靠在距加气岛 50 厘米以外范围，并按要求进出站区，不得逆向行驶。

11.加气车辆不得碾压、拉伸、强行弯曲加气软管，人员不得踩踏软管，不得使加气软管受任何外力影响。

12.加气车辆应具备有效充装证照，否则操作人员有权拒绝充装。

13.加气结束后，待排空、拔出加气枪后方能启动车辆。

14.站内发生突发事件时，应立即启动相应的应急预案。

15.站内进行危险作业前，应按规定办理相关审批手续，作业中要严格落实安全措施、安全责任和安全监督。

二、加气站操作工安全要求

1.必须经过安全培训，并取得 CNG 充装资格证后方可上岗。

2.按照规定正确穿戴劳动防护用品。

3.熟练掌握加气操作规程及事故（事件）应急处理程序。

4.当发现生产作业现场出现不安全因素时，有责任和义务停止作业并上报。

5.遵守其他相关安全规定。

三、主要设备安全要求

● 加气机安全要求

1.防爆电气设备的电缆接线装置密封可靠，空余接线孔密封。

2.各部件连接紧固，无松动，不漏气。

3.接地端子接触良好，无松动、无折断、无腐蚀，铠装电缆的外绕钢带无断裂。

4.加气机软管无龟裂，加气枪无泄漏。

● 压缩机安全要求

1.稳定压缩机各级压力和温度。检查各级进出口气体压力和温度,及时调节冷却水的供应和分配,避免压力异常变化,降低各种消耗。

2.补充冷却水量,控制水温。每天按时检查,保持液位至溢流液位。

3.注意运行噪声,保证良好润滑。关注压缩机运动部件有无异响,检查压缩机和其他电动机工作电压、电流、温升情况是否符合工艺要求,确保运转正常。

4.各种仪表、阀门、安全附件状态完好有效,阀门开关正常。

5.保持各级管路连接牢固可靠。

6.压缩机在运转中如出现不正常情况,应停机进行检修并排除故障。

● **储气井安全要求**

1.严禁在储气井附近进行可能产生火花的作业及热加工作业。

2.储气井的正常工作压力不得超过25兆帕。

3.定期检查储气设施有无泄漏、位移等异常现象,发现问题及时处理。

4.压力表、安全阀等安全附件工作状态完好有效。

5.定期由专人对储气井进行排污,排污压力为8~10兆帕。

● **储气瓶组安全要求**

1.严禁在储气瓶组附近进行可能产生火花的作业及热加工作业。

2.储气瓶的正常工作压力不得超过25兆帕。

3.定期检查各气瓶阀门、气瓶连接组件和卡套,发现泄漏、堵塞及时处理。

4.定期检查储气瓶组支架是否位移,固定气瓶的螺栓是否松动,防雷、防静电设施连接是否牢固。

5.定期检查储气瓶组喷淋设施是否正常。

6.确保压力表和安全阀状态完好,无漏气结霜堵塞现象;检查排空管道是否堵塞或有无异物。

7.定期(每两年)对储气瓶组进行送检。

8.定期由专人对储气瓶组进行排污,排污压力为8~10兆帕。

● **低压脱硫安全要求**

1. 日常操作一定要准确控制各塔脱硫时间和各阀门的开启。

2. 温度表指示异常应立即停机检修，排除故障。

3. 定期检查各阀门、安全阀、压力表、温度表的连接处是否泄漏。

4. 定期检查排空阀门开启是否正常，放散管口有无堵塞。

5. 采用化学法再生脱硫时，一定要关闭进、出口阀门，以免空气进入加气管线，再生完后必须对其内部气体进行置换。

6. 再生脱硫后按要求进行排污。

四、气瓶检查、充装安全要求

1. 充装前应对车用气瓶进行外观检查，若有受损不得充装。

2. 检查车用气瓶使用登记证和气瓶检定合格证，气瓶与合格证不符不予充装。

3.若充装部位和气瓶不在同一位置,则应保持气瓶安装所处位置的通风良好性。

4.车用气瓶无剩余压力不予充装。

第二章 操作安全要求

一、管束车操作流程及安全要求

● 接卸

（一）准备工作

1. 引导管束车到指定接卸位置。

主要风险：引导有误，车辆碰撞加气柱、损坏气阀。

控制措施：专人引导车辆，与车辆驾驶人员有效沟通。

2. 放置防溜器、支撑枕木，放下管束车拖车支脚，摇柄复位。

主要风险：未放置防溜器、枕木，牵引车头与气瓶车分离；对接时，支脚移位，扭力引发管束车倾翻事故。

控制措施：准确对位防溜器、枕木并确认稳固。

3. 固定管束车后门。

主要风险：管束车后门未锁定，门扇松动撞击加气柱、卸气胶管。

控制措施：后门开启后，插好车门固定销。

4. 接静电接地夹。

主要风险：未接静电接地，管束车产生静电积聚，引发火花放电。

控制措施：车体、气瓶分别连接静电接地夹。

5. 关闭压缩机。

6. 确认管束车气瓶无漏气。

主要风险：气体泄漏引发火灾、爆炸。

控制措施：管束车静止时，听有无漏气声响；用气体检测仪检漏；用肥皂水涂抹观察有无气泡。

7. 开启加气柱放空阀，确认卸气软管内无压力。

主要风险：卸气软管带压，无法对接，设备损坏。

控制措施：按排气、卸压、对接程序操作。

8. 检查管束车快速接头导气良好，检查充气嘴O形密封圈完好。

主要风险：充气嘴O形密封圈破损、有杂物，造成气体泄漏。

控制措施：O形密封圈应平滑、清洁、无破损。

（二）接车

1. 连接卸气软管与管束车快装接头并确认。

主要风险：连接不牢固，泄漏气体、软管冲脱后击伤人员。

控制措施：对位前送，听见"咔嗒"声响后，稍用力后拉确认。

2. 开启管束车进气总阀。

3. 开启管束车分气瓶阀门。

4. 开启加气柱进气阀。

5. 检查管束车气瓶压力不得超过20兆帕。

（三）卸车

1. 关闭压缩机。

2. 关闭管束车分气瓶阀门。

3. 关闭管束车进气总阀。

4. 关闭加气柱进气阀。

5. 打开排气泄压阀，排空卸气软管中余气。

主要风险：带压强行拆卸软管，软管损坏伤人。

控制措施：按排气、卸压、拆卸程序操作。

6.卸下卸气软管、复位。

7.取下静电接地夹。

8.关闭管束车后门。

9.升起管束车支脚，收好枕木，撤出防溜器；引导车辆安全驶离加气站站区。

（四）安全注意事项

1.管束车支脚到位后，支脚摇柄应复位，避免管束车倾翻事故。

2.接卸前检查管束车支脚定位销是否完好，如有丢失或损坏，及时填补或更换，避免由于定位销失灵而造成管束车支脚塌落。

3.开启管束车气阀时，应先打开管束车总气阀后再依次打开分气瓶阀，避免进气总阀压力过大。

4.开启进气阀门时，必须站立在阀门侧面，避免正面直对。

5.接气柱球阀开启必须按开启1/3、1/2，直至全部开启的步骤（每步间隔 1~2 秒），避免一次性（猛烈）开启，因瞬间压力过大，造成阀门或卸气软管损坏。

6.确认管束车与加气柱软管完全脱离、关闭管束车后门后，方可启动车辆，避免管束车拉断接气柱，引发漏气事故。

● **充装**

（一）充装操作

1.检查阻火器、随车灭火器、拖地导静电条。

2.检查车辆、司机、乘客安全证照及气瓶充装手续。

主要风险：手续不符合要求，为不合格气瓶充装，可能造成泄漏、爆炸。

控制措施：核对手续符合要求。

3.引导车辆就位，熄灭发动机或脱离车头。

主要风险：管束车辆未熄火、汽车电路未关闭而进行充装，气体泄漏遇火源引发火灾、爆炸。

控制措施：确定车辆熄火、关闭电路后，进行下一步操作程序。

4.连接静电接地线。

主要风险：静电不能完全释放，静电积聚遇泄漏气体而引发火灾、爆炸。

控制措施：车体与气瓶分别连接静电接地夹。

5. 连接加气软管快速接头与管束车接口。

主要风险：连接不牢固，高压气体冲开软管接头，泄漏、爆炸、击伤人员。

控制措施：对位前送，听见"咔嗒"声响后，稍用力后拉确认。

6. 关闭加气柱放空阀，打开管束车上的进气总阀。

7. 检查接口是否泄漏。

主要风险：气体泄漏引发火灾、爆炸。

控制措施：充装时，用气体检测仪检测或用肥皂水涂抹在加气接口处，观察有无气泡。

8. 读取管束车的剩余压力。

9. 确认加气柱读数。

10. 按下加气柱"启动"按钮，打开加气柱充装阀门。

11. 检查加气阀门、接头是否有泄漏，静电接地连接是否牢靠。

12. 观察管束车压力,不得超过 20 兆帕。

主要风险:管束车超装,未留空量,湿度比较高的季节易发生压力超标。

控制措施:管束车压力接近 20 兆帕时,随时关闭加气阀门。

13. 充装结束后关闭加气柱充装阀门。

14. 关闭管束车加气阀门。

15. 打开加气柱放空泄压阀放空,拆除加气软管。

主要风险:卸气软管未排空,强行抽加气枪,导致设备损坏、气体泄漏、人员伤害。

控制措施:打开加气柱放空泄压阀放空,确认软管排空后拆卸加气软管。

16. 确认加气柱读数。

17. 拆除静电接地线,关闭管束车后门,引导车辆安全驶出加气站站区。

（二）安全注意事项

1. 管束车充装前应熄火、关闭汽车电路开关，司机、乘客必须下车。

2. 静电接地线必须车体、气瓶两处分别连接。

3. 再次使用卸气柱时，应先排净软管中的空气，以保证充入的天然气纯度。

4. 充气过程中应注意观察加气阀门、接头是否有泄漏，避免因天然气泄漏而引发事故。

5. 充装结束时，必须打开排空阀，放空软管中的高压天然气，严禁不放气强行抽加气枪。

二、脱硫装置操作及安全要求

● 脱硫系统开车操作

1. 打开脱硫塔后分离器阀门，使脱硫塔与进站天然气流程连同循环。

主要风险：打开阀门不全，进气不畅造成压力过低而影响压缩机做功。

控制措施：必须观察压力表有无压差，确保阀门连杆就位。

2.打开脱硫塔进口阀门,使原料气进入脱硫塔,脱硫后的清洁气进入分离器,将气体中的水分分离出去,定时进行排污。

主要风险:排污不及时影响气质并损伤设备。

控制措施:按时巡检、排污,加强监管。

3.打开脱硫系统前分离器阀门,使经过水、气分离的气体进入脱硫塔脱硫。

4.观察进出口压力表,确认系统处于正常工作状态。

主要风险:压力差过大,造成管道或滤网堵塞,影响压缩机做功。

控制措施:分析原因及时清理管道或过滤网。

5.每班对脱硫塔分离器进行一次排污。

主要风险:排污不及时影响气质、损伤设备。

控制措施:按时巡检、排污,加强监管。

6.填写脱硫系统开车操作记录。

● **脱硫系统停车操作**

1.关闭脱硫塔前分离器阀门,截断进入脱硫塔气源。

主要风险:关闭不严,造成下一步无法操作。

控制措施:阀门连杆复位后,压力表无压力时,方可进行操作。

2.关闭脱硫塔进出口阀门,防止流程余气回流脱硫塔。

主要风险:关闭不严,造成再生或更换脱硫剂时发生气体外泄而引起燃烧、爆炸事故。

控制措施:用移动式可燃气体检测仪检测后再进行下一步作业。

3.关闭脱硫塔分离器进口阀门,防止气体倒流。

主要风险:关闭不严,造成下一步无法操作。

控制措施:用移动式可燃气体检测仪检测后再进行下一步作业。

4.对脱硫塔前后分离器进行排污。

主要风险:不及时排污,影响下次使用。

控制措施：按时巡检、排污，加强监管。

5.对脱硫塔进行排污。

主要风险：不及时排污，影响下次使用。

控制措施：按时巡检、排污，加强监管。

6.填写脱硫停车记录。

● **脱硫剂的再生**

1.用测量法判断脱硫剂是否应再生更换。

2.关闭进出口阀门，打开排空阀。

主要风险：未排尽余气而造成燃烧事故。

控制措施：用移动燃气检测仪检测后再进行下一步作业。

3.打开再生板对脱硫剂进行再生、还原。

主要风险：脱硫剂遇水失效，再生失败。

控制措施：加强防水，雨天严禁作业。

● **脱硫剂更换**

1.打开配料口，排出脱硫剂。

主要风险：未戴防护面具而造成操作人员中毒。

控制措施：未戴防护面具严禁作业。

2.对排出的废脱硫剂用水喷淋。

主要风险:未喷淋或喷淋后不及时清理,引发自燃和污染环境事故。

控制措施:必须用水喷淋或用袋装工具进行处理。

3.清扫整理塔内脱硫剂支撑篦子板、筛网垫等,做好装填脱硫剂的准备。

主要风险:篦子板、筛网垫清扫不干净或放置不正确,造成脱硫剂进入管线而引起堵塞事故。

控制措施:用氮气对管线进行吹扫。

4.对脱硫塔内的篦子板等部件进行检查,确认无误。

5.将袋装的脱硫剂用滑轮吊入塔内。

主要风险:高处作业不当,造成人员跌落或脱硫剂包掉落,引起伤人事故。

控制措施:人员必须按高处作业规定进行作业。

6.将脱硫剂装入塔内。

7.装填脱硫剂,使用木板垫在料层上(严禁踩踏脱硫剂),操作人员再进入塔内操作或检查装填情况。

主要风险：方法不当造成脱硫剂粉碎，导致筛网堵塞事故。

控制措施：用滑轮缓慢吊入，严禁高空抛下。

8.填装脱硫剂到一定高度，放置一层不锈钢丝网，用瓷球压住后，再进行进一步装填。

主要风险：人员塔内作业不当，造成人员伤害、设备受损。

控制措施：按要求正确放置脱硫剂。

9.装填到位后，关闭（密闭）进出料口。

主要风险：密闭不严，导致气体外泄。

控制措施：关闭（密闭）进出料口后，用检漏仪进行检漏。

10.做好更换脱硫剂记录。

● **安全注意事项**

1.当脱硫塔出口每立方米天然气中硫化氢含量大于等于15毫克时，应及时再生或更换脱硫剂。

2.再生脱硫时，关闭进出口阀门；更换脱硫剂时排空管道和塔内的天然气。

3. 吊装脱硫剂时注意高处作业以免人员伤害。

4. 接通天然气后，对拆卸部位进行漏点检查。

三、压缩机操作及安全要求

● 开机

（一）准备工作

1. 检查电器及控制设备是否符合开机要求。

2. 检查生产工艺主流程、再生流程、放散流程、冷却水流程及相应的准备工作是否符合开机要求。

主要风险：各流程不正确无法开机。

控制措施：开机前检查各流程是否符合开机要求，并按顺序逐一操作。

3. 检查各阀门开关是否正确。

主要风险：各阀门开关不正确而造成事故。

控制措施：开机前检查各阀门开关是否正确。

4. 确认开车后工艺流体送往相应流程。

主要风险：气体流向不正确而引发超压事故。

控制措施：各阀门开关正确，确保气体流通顺畅。

（二）开机

1. 盘车 2~3 转，无异响、灵活为正常。

主要风险：未盘车开机造成机械损伤事故。

控制措施：开机前必须进行盘车。

2. 开启进气总阀，对进气缓冲罐进行排污。

3. 开启室内进气阀。

4. 开启室内外进水阀。

5. 开启各级分离器排污阀。

主要风险：未开启进气阀门和各级阀门，易抽真空引发事故。

控制措施：严格按照操作流程规范作业。

6. 向控制室发出"OK"手势，得到"OK"联络手势，准备启动。

7. 按"启动"按钮，注视启动中油压、水压情况。

主要风险：油压、水压不正常易造成异常磨损，非正常停机。

控制措施：做好开机前的检查工作，保证润滑油、冷却水在规定液位。

8.启动延时结束，无异常后，迅速调整进气阀，使进气压力接近或者达到压缩机正常进气压力。

主要风险：超过额定压力，造成停机。

控制措施：进气压力的开启控制在压缩机正常进气压力下。

9.关闭各级排污阀，同时开启四（三）级"送气阀"。

10.打开程控盘送气阀。

11.注意观察基地控制盘、干燥塔、程控盘压力，需"三表"一致。

12.当排气压力接近系统压力0.5~1.0兆帕时，开送往储气装置的送气阀。

主要风险：未按操作程序依次进行，造成气体超压而引发设备事故。

控制措施：严格按照操作流程及参数逐一开关各阀门，并做好运行中的监控。

13.开启再生取气阀、控制阀、调节阀（长流程），控制再生压力为0.4~0.6兆帕。

主要风险：再生气体不畅，造成设备烧坏而引发火灾。

控制措施：保证再生气压力，防止冰堵。

14. 向控制室发出"OK"手势。

15. 控制室得到"OK"手势，合电加热器开关，开始加热。

主要风险：在未开再生取气阀情况下合电加热器开关损坏设备而引发事故。

控制措施：先开再生气取气阀，再合电加热器开关。

16. 调节好水分仪压力及量程，向控制室发出"OK"手势。

17. 控制室得到"OK"手势，合水分仪电源开关，开始工作。

主要风险：在未开检测气阀时合电源开关损坏设备而引发事故。

控制措施：先开检测气阀开关，再合电源开关。

18. 分别排放各级分离器、前置分离器、后置分离器、再生冷却器油污。

主要风险：未按时排污造成冰堵，气质下降。

控制措施：定时排污。

19.开机成功，向控制室发出"OK"手势，做好运行记录。

（三）安全注意事项

1.开机时应特别注意压缩机润滑油压（0.15~0.3兆帕）、冷却系统水压（0.1~0.3兆帕）是否符合工艺指标值，否则，应立即停机检查，查明原因。

2.注意"三表"的一致性。即压缩机基地控制盘、干燥塔、程控盘三只压力表的示值应基本保持一致，防止误操作造成高压气体送不出而引发事故。

3.注意防止压缩机四（三）级排气阀和四（三）级排污阀开关不当而引发超压事故。

4.注意控制排污频率，回收总管压力应控制在0.4兆帕以下，避免回收罐超压和回收计量表超压和损坏。

5.防止储气设施排污管堵塞，定时对储气设施、回收罐、油污罐进行排污操作。

6.加强巡视,注意观察,防止冷却器管程破裂导致高压气体窜入水路,引发事故。

● **停车**

(一)停车准备

1.检查设备运行情况有无异常(为停车维修做准备)。

2.检查阀门开关情况。

3.向控制室发出准备完毕的"OK"手势,准备停车。

主要风险:未做停车前检查,引发事故。

控制措施:停车前做好检查。

(二)停车

1.控制室得到"OK"手势,准备关电加热器开关。

主要风险:水分仪电源开关未关闭,损坏设备。

控制措施:停车前先关闭水分仪电源开关。

2.开启各级排污阀,泄尽机身压力。

主要风险：机身压力未泄尽停机，造成设备损坏。

控制措施：泄尽机身压力再按"停车"键。

3. 按下"停车"键，压缩机停车。

4. 迅速关闭程控盘送气阀。

主要风险：未关闭程控盘，高压气体倒流引发事故。

控制措施：及时关闭程控盘，防止气体倒流。

5. 关闭水分仪送气阀。

6. 关闭压缩机一级进气阀。

7. 泄尽脱水塔压力。

8. 若再生尚未结束，继续控制再生压力为0.4～0.6兆帕，再生结束后吹冷到50℃以下结束。

主要风险：再生未结束而停气、停冷却水，损坏设备。

控制措施：再生过程中保证再生气、冷却水畅通。

9. 停车成功，做好本次停车记录。

（三）安全注意事项

1. 停车后应将压缩机系统压力放散，但放散时开启阀门不应过快、过猛，防止回收、排污系统超压而发生安全事故。

2.停车后,如果再生系统还需继续工作,应将冷却系统投入运行,对再生系统降温,以免造成局部过热,损坏设备。

注意:鉴于设备自动化程度不同,对于半自动和全自动化设备的操作仅供参考。

四、脱水及再生操作的安全要求

因设备差异,其操作规程按设备使用说明执行,本章节只对脱水及再生操作中所存在的风险和控制措施进行阐述。

● 主要风险

1.操作人员站在控制面板正面,易造成人身伤害。

2.阀门开关不正确,造成气体窜压,引发事故。

3.脱水效果未达到工艺要求,导致气体质量未达标。

4.脱水装置气路不畅,引起设备故障。

5.未正确悬挂"开关"警示标志,导致误操作。

6. 压力调节不当，造成事故。

7. 再生温度及恒温时间不够，导致气体质量未达标。

8. 加热过程中局部过热，损坏设备。

9. 未正确按照操作规程进行操作，引起设备事故，导致人员伤害。

● **控制措施**

1. 操作人员站在控制面板正确方位，按顺序操作。

2. 按时进行巡检，确保阀门开关正确。

3. 适时巡检、调整工艺参数，正确操作，确保气体质量达标。

4. 按时进行巡检，确保气路通畅。

5. 及时检查并正确悬挂"开关"警示标志。

6. 及时检查并正确进行压力调节。

7. 适时监控，正确操作，确保再生温度及恒温时间达到工艺要求。

8. 适时巡检、调整工艺参数，正确操作。

9. 正确按照操作规程进行操作。

五、加气操作及安全要求

● **加气操作**

1. 迎候。

加气站操作工站在加气岛靠近入口一侧,面向车辆进入方向迎接顾客。

2. 引导车辆。

当车辆驶向加气站站内时,加气站操作工在确保自身安全的情况下,引导车辆到所需的加气位停泊。

主要风险:未主动迎候、引导车辆,造成交通事故。

控制措施:主动迎候、正确引导车辆。

3. 提示下车。

车辆入加气站,安全员应提示车上所有人员下车到加气站站外安全区等候。车停稳后,加气站操作工应主动为司机开启车门。

主要风险:未提示驾驶员和乘客下车,事故发生时不便于人员疏散,造成人身伤害。

控制措施:加气时乘客下车并到加气站站外等候,否则不予加气。

4. 检查。

检查所需加气车辆有效证件和气瓶外观。

主要风险：不符合标准的气瓶充装后，引发爆炸事故。

控制措施：严格执行检查程序，不符合规定的不予加气。

5. 取下堵头。

6. 提枪。

7. 插入充气枪头。

主要风险：未检查枪头O形密封圈是否完好就进行充气，易发生气体泄漏事故。

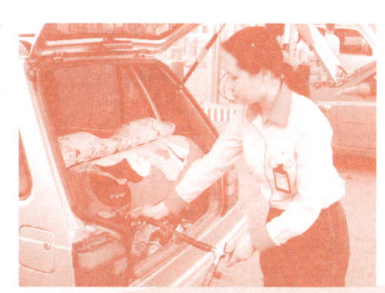

控制措施：充气前检查枪头 O 形密封圈完好。

8. 开启气瓶阀门。

9. 按下启动键。

10. 打开加气机开关。

11. 充装并监护。

在加气过程中禁止加气站操作工离开加气现场。密切关注加气过程中可能出现的紧急情况。

主要风险：不及时发现加气枪漏气现象，易引发事故。

控制措施：做好现场监护，发现漏气及时控制。

12. 关闭加气机开关。

13. 关闭气瓶阀门。

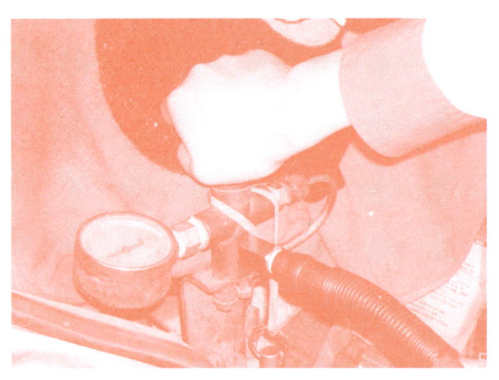

14. 排空泄压。

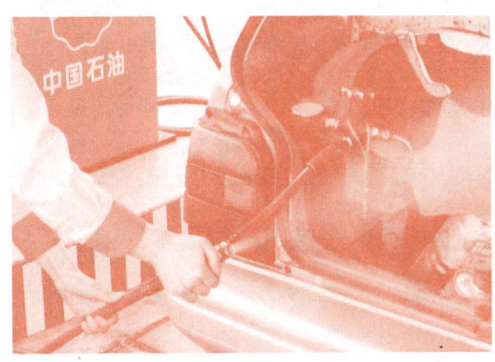

15. 收枪复位。

主要风险：加气完毕不及时取下加气枪，车辆移动造成设备和人员伤害。

控制措施：加气完毕及时取下加气枪。

16. 安装堵头。

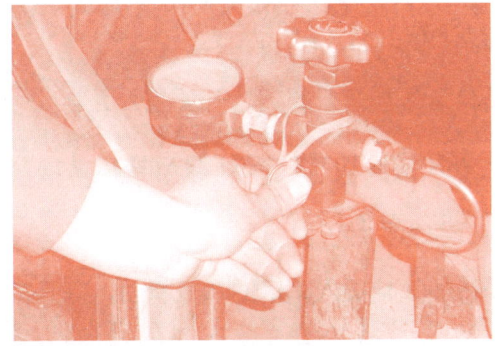

17. 记账（收银）。

18. 送行。

确认顾客付完货款后,加气站操作工应礼貌地替顾客关好车门,并致道别语或挥手告别。

19.清洁。

如果没有下一位顾客,则应按照要求盘好加气枪软管,清理场地,等候下一位顾客的到来。

主要风险:加气软管被车辆碾压,造成设备损坏。

控制措施:及时盘好加气软管。

● **安全注意事项**

1.对进站加气车辆的主要部件(设施)和有效证件进行检查,确保加气车辆安全状况良好。

2.车辆加气前应熄火、关闭汽车电路开关,驾乘人员必须下车。

3.检查各加气机阀门、开关是否正常。

4.认真检查加气枪头 O 形密封圈是否完好,如有破损应及时更换。

5.将加气枪插入车辆的加气嘴后,打开车上的充气阀,检查加气嘴有无漏气现象,如有漏气现象,应及时处理,较严重的应停止使用并通知检查。

6. 充装时必须有人在场监护，注意观察充装时的压力变化情况，如发生异常情况，应立即停止加气，待查明原因再恢复正常充装。

7. 充装压力达到20兆帕时，关闭复位开关，再将两位三通阀旋至"关"位置，关闭车上充气阀，然后将两位三通阀旋至"排空"位置，排空软管余气，拔出枪头，挂好充气软管，充装结束。

8. 充装结束，应将加气枪及软管按要求盘好放回原位，防止车辆碾压。

9. 在充气过程中如发现有轻微冰堵现象时，应立即置换脱水装置，将压缩天然气的露点温度控制在 $-13℃$（常压下为 $-62℃$）以下，保证充气操作正常进行。

10. 严禁超压充装，每充装一台车后，应及时记录充装时间、充装数量、充装压力、金额及车号等。

11. 正确引导加气车辆，确保充装作业有序进行。

第三章 事故报告

发生事故后,事故当事人或发现人应立即报告上级领导,紧急情况要报警。伤亡、中毒事故应保护现场并迅速组织人员施救;重大火灾、爆炸、泄漏事故,应立即启动相应事故应急救援预案,防止事故的蔓延、扩大。

1.任何事故无论大小,都必须向加气站经理汇报。

2.任何事故无论大小,均应在第一时间以最快方式向上级主管或单位报告。

3.汇报内容应包含以下信息:

(1)事故发生的时间、地点。

(2)事故的简要经过。

(3)人员受伤程度。

(4)财物受损程度。

报警公用电话:

| 110 | 匪警 | 119 | 火警 |
| 122 | 交通报警 | 120 | 急救电话 |

第四章 突发事件处理程序

加气站站区是易燃易爆的防火生产场所,极易发生突发事件,为切实搞好安全生产,要杜绝或尽量减少突发事件的发生。若发生突发事件,就会造成不同程度的人员伤亡和国家、集体、个人的财产损失。针对加气站生产、经营的实际情况并总结、吸取同行业发生事故的经验教训,特制定加气站突发事件应急处理措施。

1.加气站出现突发事件,当班人员应首先及时实施"三停"。一是停业。立即停止压缩机及其他运转设备的工作,十分紧急情况下拉总闸实施停止压缩设备的运行。二是停止充装气。立即停止对车辆的充装并迅速疏散充气车辆以及非生产人员。三是停电,在配电间切断总电源。

2.立即切断通向事故现场的气源,关闭通往加气站的气源总阀门。

3.涉及储气设施的突发事件,在加气站安全的情况下，可采取三组气井分别卸压，直到卸完。

4. 立即拨打"119"报火警，同时保护好现场，设置警戒线，防止无关人员进入事故现场。

5. 迅速向部门领导和有关安全、设备、维修等相关人员通报，并寻求自救措施，尽职尽责，保护国家和集体财产。

一、加气过程中的意外事件处理程序

1. 加气机在充装过程中出现跑气、漏气时的处理方法：

（1）关闭加气机总气阀门。

（2）关闭车内气瓶阀门。

（3）排空高压软管内气体。

（4）检查充气头是否接触良好。

（5）检查高压软管是否有破损。

2. 充气高压软管如有跑气现象时的处理方法：

执行加气机在充装过程中出现跑气、漏气时的处理程序后，交维修工及时更换。

3.当加气机的压力不高于12兆帕或不低于20兆帕时,通知压缩机房进行压力调节。

4.其他事件根据"三停"原则(停气、停机、停电)作相关处理。

二、压缩机房天然气浓度超标的处理程序

当压缩机房可燃气体报警装置发出报警信号,表明压缩机房甲烷气体浓度超标,易引发燃烧、爆炸和人员中毒事件,此时应作以下处理:

1.立即实施"三停"。

2.打开所有通风设施、设备。

3.加强现场警戒,杜绝着火源的存在。

4.通知维修人员进行泄漏点的排查,及时处理设备故障。

5.故障被排除后经确认方能恢复生产。

三、硫化氢含量超标报警时的处理程序

当在线检测仪发出警报时,表明该脱硫塔脱出的天然气中硫化氢含量超标,易腐蚀压缩机组件和气瓶。此时应作以下处理:

1. 立即实施"三停"。

2. 关闭该脱硫塔的进、排气阀,打开该塔的排空阀。注意塔内压力表和温度表的变化情况。

3. 打开备用塔的进、排气阀,注意观察压力表和温度表的变化有无异常。

4. 按工艺流程的技术要求对所发生超标脱硫塔内的脱硫剂进行切换或更换。

5. 对气体进行在线检测合格后,开启压缩机。

6. 若发生一塔管线或塔体漏气,也应按上述步骤进行处理。若只有单塔,则必须关闭总气源。

四、管束车突发事件的处理程序

1. 管束车跑气、漏气时的处理方法。

（1）停止加气，关闭压缩机。

（2）切断加气截断阀和拖车进气总阀。

（3）检查泄漏点并做出标记。

（4）关闭其他气瓶进气阀，放空后卸下进气软管。

（5）通知值班安全员，做好火灾预防、扑救准备。

（6）将管束车拖车拖出加气站站外安全区域，派专人值守，设置警戒线和警示牌。

（7）及时上报上级主管部门并通知专业维修人员处理。

2.非作业管束车防爆片爆破的处理方法。

（1）疏散50米内所有非应急救援人员。

（2）切断瓶组进气阀、连接静电接地线。

（3）做好火灾预防、扑救准备。

（4）检查泄漏瓶组。

（5）将管束车移至加气站站外安全区域，派专人值守，设置警戒线和警示牌。

（6）及时上报上级主管部门并通知专业维修人员处理。

3.作业管束车防爆片爆破的处理方法。

(1)停止加气,关闭压缩机。

(2)关闭加气机截断阀及管束车进气总阀。

(3)关闭该充装气瓶进气阀及其他瓶组阀。

(4)放空泄压,卸下加气软管。

(5)检查爆破瓶组。

(6)将管束车移至加气站站外安全区域,派专人值守,设置警戒线和警示牌。

(7)及时上报上级主管部门并通知专业维修人员处理。

4.管束车支脚故障处理。

(1)管束车支脚故障,管束车倒塌或倾斜处理方法:

① 设置警戒区域,阻止非应急救援人员靠近。

② 检查气瓶组是否漏气。

③ 用枕木及千斤顶在支脚故障一侧将车槽固定。

④ 做好火灾预防、扑救准备。

⑤ 报告上级主管部门施救。

（2）管束车倒塌或倾斜引发跑气、漏气的处理方法：

① 设置警戒区域，阻止非应急救援人员靠近。

② 检查出泄漏点并做出标记。

③ 停止加气，关闭压缩机。

④ 切断加气截断阀和拖车进气总阀。

⑤ 关闭其他气瓶进气阀，放空后卸下进气软管。

⑥ 用枕木及千斤顶在支脚故障一侧将车槽固定。

⑦ 做好火灾预防、扑救准备。

⑧ 报告上级主管部门施救。

五、被车辆撞伤的处理程序

1. 急救原则：先抢救，后包扎固定，再送医院。

2. 抢救前先使伤员安静躺平。

3. 外部出血应立即采取止血措施，防止因出血过多而休克。

4. 外观无伤，但呈休克状态，要考虑腹部内脏或脑部受伤的可能性，防止受伤人员被移动，应立即报警救护、送医院治疗。

六、外线停电的处理程序

1. 如造成加气机泵码消失,向顾客表示歉意并说明原因,向加气站经理汇报情况,与顾客协商确定已加数量,并根据双方一致意见进行处理。
2. 当夜间停电时,立即启动自动紧急照明灯。
3. 及时启动发电机供电。

七、火灾应急处理程序

加气现场发生火灾后,应采取积极主动的方法,就地取用消防器材灭火。如火势蔓延,在采取有效防范措施的同时,尽快向消防部门报警。

● 人员衣物起火时的处理程序

1. 立即令其躺倒,用干粉灭火器扑灭其身上的火(注意不要向对方的面部喷射);或者用毛毯、大衣裹紧其身体以灭火,注意包裹时要从距离其头部最近的地方开始包裹。
2. 火焰熄灭后,用干净的凉水浸湿被火烧伤的部位。打电话叫救护车。

● **车辆起火时的处理程序**

1.在保证安全的前提下,将起火的车辆退出加气站站外。

2.如果火势较小,试着用灭火器灭火。

3.如果车辆发动机舱内起火,则应松开汽车发动机机罩钩,并用灭火器透过机罩周边的缝隙向发动机内喷射干粉以灭火。

4.火焰熄灭之前,绝对不要抬起汽车发动机机罩。

5.如果无法扑灭火焰,则应封锁起火区域,关闭所有加气机,等待消防队到来进行灭火。

● **较小火灾的处理程序**

1.加气机发生初起火灾,但火势小,可以用灭火器自行扑灭。

2.按下紧急电源开关,并尽量关闭所有气泵电源、所有气管阀门。如果加气站无紧急电源开关,则需关闭电源总闸。

3.组织员工灭火扑救,监视火势蔓延情况。

4.禁止任何车辆、人员进入加气站,直至情况受到有效控制为止。

5.如无法控制火势，应立即打119报警。

6.收银员坚守岗位（首先要确定自己处于安全状态），清点、整理现金并将现金放入保险柜锁好。

7.报告上级主管部门。

● **较大火灾的处理程序**

1.加气站发生火灾，但火势大，无法自行扑灭。

2.按下紧急电源按钮，如有可能，切断电源总开关、气管阀门及加气机安全切断阀。

3.用消防水枪远距离控制火势，无法控制时，撤离现场。

4.应立即打119报警（讲清起火单位、所在地区、街道、门牌号码、起火部位、着火物质、火势大小、自己的姓名及电话号码）。

5.财务人员、收银员在情况许可下，将现金放入保险柜锁好。

6.禁止任何车辆、人员进入加气站。

7.负责疏散现场的人群、车辆。

8.等候、引导消防车进场灭火。

9.通知区域经理及公司紧急事故中心。

八、发生自然灾害时的应急处理程序

1.台风发生时,加气站操作工应停止加气,不要外出活动,应在建筑物最稳固的地方避险,并随时留意气象台发布的台风情况。

2.地震发生时,加气站操作工应尽量不要停留在罩棚下面,保持头脑清醒。采取果断的措施,在就近空旷处躲避,直到险情解除。

3.发生水灾时,加气站操作工要积极协助站内负责人,立即切断加气站总电源,停止营业。同时对可能进水的部位进行密封,将贵重或易坏物品和化学品放在洪水淹不到的地方,做好安全防范工作。

第五章 应急设备

遇到紧急情况时，必须实施三停，即停气、停机、停电。加气站操作工必须清楚以下紧急设备，并会操作。

一、加气站几种应急设备

1. 电源总闸：紧急情况下应立即到配电室关闭电源总闸。

2. 气源总闸：紧急情况下应立即关闭总气阀和储气装置气阀。

3. 灭火工具：主要有手提式和推车式干粉灭火器、消防沙、消防锹、消防桶、灭火毯、防毒面具、消防泵、消防栓、消防水枪、消防水带。

4. 破除障碍的工具：消防斧、消防钩。

5. 防漏检测工具：可燃气体检测仪。

6. 照明设备：防爆手电、应急灯。

7. 管束车应急设备：千斤顶（20吨）、枕木（0.2米×0.3米×0.5米）。

二、几种常见灭火器的使用方法

1. 手提式干粉灭火器。

先把灭火器上下颠倒几次,使桶内干粉松动,拔下保险销,一只手握住喷嘴,另一只手用力压下按把,喷嘴对准火焰根部即可。主要用于初期火灾扑灭。

2. 推车式干粉灭火器。

一般由两人操作。使用时将灭火器迅速拉到或推到火场,在距离起火点10米处停下。一人将灭火器放稳,然后拔出保险销,迅速展开喷射软管,拿住喷枪,对准火焰根部;另一人压下按把,喷粉灭火。

3. 二氧化碳灭火器。

将灭火器提到起火地点,在距离燃烧物5米处,将喷嘴对准火源,打开开关,即可进行灭火。若使用鸭嘴式二氧化碳灭火器,应先拔下保险销,一只手紧握喇叭口根部,另一只手将启闭阀压把压下。若使用手轮式二氧化碳灭火器,应向左旋转手轮。

注意:使用以上灭火器均应站在着火点上风口,并保持有效安全距离,使用后的灭火器应立即撤离现场。

附录一 危险化学物品安全资料

CNG	技术指标
高位发热量,兆焦/米^3	> 31.4
总硫(以硫计),毫克/米^3	≤ 200
硫化氢,毫克/米^3	≤ 15
二氧化碳,%(体积分数)	≤ 3.0
氧气,%(体积分数)	≤ 0.5
水露点	在汽车驾驶的特定地理区域内,在最高操作压力下,水露点不应高于 −13℃;当最低气温低于 −8℃时,水露点应比最低气温低 5℃

注:本表中气体体积的标准参比条件是 101.325 千帕,20℃。

附录二 常见"三违"行为

一、未提示加气车车上人员下车

要求：所有进站加气车辆上的人员必须下车，乘客到加气站站外等候。

危害：加气车辆上有乘客时使加气站操作工不容易发现潜在的安全隐患（如使用手机、吸烟等），同时在发生险情时容易造成更大的人员伤亡。

二、未对气瓶外观和有效证件进行检查

要求：对所有进加气站加气的车辆必须检查其有无气瓶使用证，并保证在有效期内。

危害：如对无瓶检证或瓶检证过期，甚至非法改装的 CNG 气瓶充装压缩天然气，将会引发严重的安全事故，造成不必要的人员伤亡和财产损失。

三、给无剩余气体的气瓶或压力低于0.05兆帕的气瓶加气

要求：对所有进站加气的车用气瓶加气时，其气瓶剩余压力不得低于 0.05 兆帕。

危害：如气瓶无剩余压力，空气有可能进入气瓶，在空气与压缩天然气达到一定比值时有可能发生爆炸。

四、加气过程中加气站操作工不在现场监护

要求：在车辆加气的过程中加气站操作工必须在现场监护。

危害：一旦发生紧急情况，无法及时进行处理。

五、CNG作业人员未执证就先上岗

要求：所有 CNG 作业人员必须经过 3 个月的岗前培训并取得由当地质量技术监督局发放的有效证件后方能上岗。

危害：CNG作业人员不同于其他作业工种，它需要掌握一定的专业知识和技能，如匆忙上岗，遇突发情况不会处理，后果将是严重的。

六、超压加气

要求：CNG在充装过程中压力不能超过国家规定的标准，即不高于20兆帕。

危害：所有的CNG气瓶都有其标准的设计压力，一旦超过该压力，就会发生爆炸事故。

七、未确认快装接头连接是否牢靠

要求：快装接头对位后，确认连接是否牢靠。

危害：未确认或确认不认真，接口脱落、过流阀起跳，造成气体泄漏、人身伤害。

八、未引导管束车

要求：管束车进站接卸气，必须由专人引导到位。

危害：无人引导或引导有误，造成管束车撞坏加气柱，引发气体泄漏事故。

九、接卸作业完毕后未确认接气软管与管束车分离

要求：接卸作业完毕后，确认接气软管与管束车分离，关闭管束车后门。

危害：未确认接气软管与管束车分离，易拉断接气软管，引发气体泄漏事故。

十、设备带病运行

要求：加气站所有设备必须具备完好标准方能使用。

危害：小故障如不及时处理，将会酿成大事故。

附录三 典型事故案例

案例一 加气站加气机被公交车拉坏的事故分析

● **事件经过**

2006年1月,某加气站内该案例肇事车正在加气,在为该车安装好加气管并启动加气机开始充装后,加气站操作工看到等候的车辆较多,就去招呼和指挥其他车辆。该车驾驶员见加气机充气指示停止,就向正在为其他顾客下账的刘某报了加气数量,让刘某为其登记,以便尽快离开。刘某刚填写完毕,就发现将正在加气的两车加气数量写反了,后又与顾客重新核对了数量并做了登记。

此时,另一辆公交车也停在该车后等候加气,肇事车驾驶员匆忙登上该车发动汽车。加气站操作工发现该车未取下加气枪就已经发动,立即大声呼喊,劝阻其停车,同时排在后面的公交车驾驶员也大声鸣笛警告肇事车驾驶员停车，但车子还是启动了……此时，值班站长正在加气站左侧，听到刘某大声呼喊后为时已晚，加气机管被肇事车拉断，加气机被拉坏。

● **事故分析**

1. 人员配备不足，不能"一对一"进行加气服务，导致加气人员取枪不及时。

2. 加气站操作工未严格执行站内规定的"先取枪再记账（收钱）"，缺乏应有的安全警惕。

3. 肇事车驾驶员责任心不强，在未做任何检查的情况下就匆忙启动汽车，直接导致此次事故的发生。

案例二　加气机加气软管被车辆拉断引发火灾

● **事故经过**

某年夏季的一个深夜，某地区一加气站突发冲天的火光，在人们惊恐的叫声中，只看见一中巴车整个燃烧成为一个火球。该起事故造成三人被严重烧伤，经济损失数万元。

● **事故分析**

1. 当班加气站操作工未经过安全培训,不具备必要的消防安全知识。

2. 深夜当班加气站操作工让司机自行加气,违反了非专业人员不能进行CNG操作的规定。

3. 司机加完气后未取加气枪就发动汽车,致使加气软管被拉断,车辆气瓶内高压天然气喷出,遇汽车排气管火花而发生轰燃事故。

4. 事故发生初期,未果断地关闭气瓶阀门以减少事故伤害,同时不能正确地使用灭火器以帮助受困人员,以致造成事故扩大。

记 录 页

记 录 页

记 录 页

记 录 页

记 录 页